AF230202

DESCRIPTION
DE SCALIDÆ NOUVEAUX

DESCRIPTION

DE

SCALIDÆ NOUVEAUX

DES

Couches Eocènes du Bassin de Paris

ET

RÉVISION DE QUELQUES ESPÈCES MAL CONNUES

Par E. de BOURY

MEMBRE DE PLUSIEURS SOCIÉTÉS SAVANTES

Chez l'Auteur à Théméricourt, par Vigny (Seine-et-Oise)

DÉPOT CHEZ MM.

J.-B. BAILLIÈRE | **KLINCKSIECK**
19, *rue Hautefeuille, Paris* | 15, *rue de Sèvres, Paris*

COMPTOIR GÉOLOGIQUE DE PARIS
15, *rue de Tournon, Paris*

1887

I. CIRCULOSCALA ROGERI, de Boury [1].

Nous croyons utile de redonner ici la synonymie de cette espèce, synonymie que nous avons déjà rectifiée au sujet de l'étude de quelques Crisposcala.

1883. *Scalaria Chalmasi*, de Boury.	De Boury. Journ. de Conchyl., vol. xxxi, p. 64 et tirage à part, p. 3.
1884. — — —	De Boury. Journ. de Conchyl., vol. xxxii, p. 143 (et tirage à part, p. 10), pl. iii, fig. 3, 3 a, 3 b.
1886. *Circuloscala Rogeri*, de Boury.	De Boury. Monogr. Scal. Part. i, s. g. Crisposcala, p. 42.

Non S. Chalmasi, Tournouër in de Bouillé 1876. Paléontologie de Biarritz. = S. Munieri, Tourn. in de Bouillé 1873. (Non de Raincourt, 1870, Bull. Soc. Géol. France, 2e série, t. xxvii, p. 627).

---

[1] En même temps que ce travail nous publions une *Etude sur les Sous-Genres de Scalidæ du Bassin de Paris.*

M. Cossmann fera sans doute figurer les espèces nouvelles dans son : *Catalogue des coquilles fossiles de l'éocène des environs de Paris.* (3e *fascicule.)*

II. CIRSOTREMA ACUTA, Sowerby.

1813. *Scalaria acuta*, J. Sowerby.	SOWERBY. Min. Conch., t. I, p. 50, pl. 16, fig. inf.
1827. — — —	J. C. DE SOWERBY. Min. Conch., t. VI, pl. 577, fig. 2.
1848. — *crispa*, Bronn.	BRONN. Ind. Pal. t. III, p. 1115 (Pars).
1850. — *acuta*, Sow?	DIXON. Geol. of Sussex, p. 99, tab. VII, fig. 15.
1850. — — —	D'ORBIGNY. Prodr. de Pal., t. II, p. 340, n° 35.
1854. — — —	MORRIS. Cat. of Brit. foss., 2ᵉ édit., p. 277.
1861. — *coronalis*, Desh.	DESHAYES. An. s. vert. bass. Paris, t. II. p. 337, pl. XI, fig. 7, 8.
1871. — *acuta*, Sow.	NYST. Tabl. syn. et synon. G. Scalaria,. p. 14. (Ann. Soc. Mal. Belg., t. VI, p. 90).
1871. — *coronalis*, Desh.	NYST. Tabl. synopt. et synon. G. Scalaria, p. 24. (Ann. Soc. Mal. Belg., t. VI, p. 100).

Non *S. acuta*, *Desh*. An. s. vert. bass. Paris, t. II, p. 340, n° 17, pl. 23, fig. 7, 9. = S. (Acrilla) Cuisensis, de Boury, 1887. (Vide infra).

? Non *S. acuta*, *Galeotti*. Mém. Const. géogn. du Brabant, p. 182, n° 5.

? Non *S. acuta*, *Nyst*. Coq. et polyp, Belg., p. 395.

Deshayes a encore embrouillé la synonymie de cette espèce. Il dit que son assimilation de la scalaire du Bassin de Paris avec celle d'Angleterre est appuyée, non seulement sur l'examen des figures de Sowerby, mais aussi sur celui d'un échantillon qu'il a entre les mains. Nous ne comprenons pas comment un naturaliste aussi éminent a pu soutenir une pareille thèse. Nous possédons de Cuise plusieurs exemplaires d'une coquille qui se rapporte exactement à la figure de Deshayes et à son type que nous avons examiné à l'Ecole des Mines. Or de l'étude de l'un et de l'autre il est facile de voir au premier coup d'œil que l'espèce parisienne n'a pas le moindre rapport avec le *S. acuta*, et n'est même pas un *Cirsotrema* comme le véritable *S. acuta, Sow.* L'espèce de Deshayes est un *A crilla* auquel nous imposerons tout à l'heure le nom d'*A. Cuisensis, de Boury.* Les coquilles de Cuise sont adultes et non des jeunes S. acuta, opinion soutenue par Deshayes. Faut-il maintenant, comme il le prétend, rejeter la synonymie de Dixon. La figure de cet auteur représente une espèce dont la rampe suturale semble plus accentuée, mais cette figure est-elle bien exacte? Quoiqu'il en soit, cette coquille appartient aux *Cirsotrema* et est spécifiquement voisine du *C. acuta, Sow*, si ce n'est lui.

Le *C. coronalis, Desh.*, dont Deshayes n'a connu qu'un jeune exemplaire et dont nous possédons plusieurs individus, quelques-uns relativement adultes et même des fragments indiquant une taille égale à celle des coquilles d'Angleterre, ne nous paraît pas différer de cette dernière espèce. Nous croyons donc indispensable de les réunir au moins provisoirement. D'Orbigny semble avoir partagé cette manière de voir, car dans son prodrome il cite le *S. acuta*, du Vivray. Les couches de cette localité appartiennent au Calcaire grossier inférieur. C'est justement le principal niveau du *C. acuta*. Du reste à cette époque Deshayes n'avait pas encore publié la forme de Cuise.

Localités. — Ajoutez : Parnes (Oise), inférieur et moyen !!!, L'Aunaie (Oise) !!!, Chaumont (Oise) !!!, Chaussy (Seine-et-Oise) !! (Ma Collection). Calcaire grossier.

III. GYROSCALA CONTABULATA, Deshayes.

1861.	*Scalaria contabulata*, Desh.	DESHAYES. An. s. vert. bass. Paris, t. II, p. 334, pl. XI, fig. 11, 12.
1870.	— *Gaudryi*, Rainc.	RAINCOURT. Bull. Soc. Géol. Fr., 2ᵉ série, t. XXVII, p. 627, pl. XIV, fig. 2.
1871.	— *contabulata*, Desh.	NYST. Tabl. synopt. et synon. G. Scalaria, p. 24. (Ann. Soc. Mal. Belg., t. VI, p. 100).
1871.	— *Gaudryi*, Rainc.	NYST. Tabl. synopt. et synon. G. Scalaria, p. 34. (Ann. Soc. Mal. Belg., t. VI, p. 110).

Deshayes n'a connu qu'un sommet mutilé de cette belle et précieuse Scalaire qui atteint une taille assez grande. De Raincourt a décrit l'adulte sous un nom nouveau. Nous prévoyions depuis longtemps l'identité des deux espèces, mais la figure donnée par de Raincourt est si mauvaise, que nous n'osions nous prononcer avec certitude pour la réunion des deux formes. Nous avons examiné il y a quelques jours à l'Ecole des Mines le type même de Deshayes et celui du S. Gaudryi qui s'y trouve également. En les comparant il nous a été facile de constater l'identité absolue de ces coquilles. Bien que cette Scalaire soit toujours d'une excessive rareté nous en connaissons actuellement plusieurs adultes : Ecole des Mines (Type de Raincourt), collections de MM. Bezançon (1 exemplaire), Boulanger (1 exemplaire) et la mienne (4 exemplaires).

Localités : Ajoutez : Le Roquet (Seine-et-Oise) !!! Un fragment. Sables de Cuise.

IV. GYROSCALA RUELLENSIS, de Boury, nov. sp.

G. testa imperforata, conico-pyramidata, costis longitudinalibus impressa. Spira conico-pyramidata, apice deficiente. Sutura profunda. Anfractus superst. 6, convexi, costis longitudinalibus parum prominulis, subacutis, mi-

*nime obliquis et aliquando in varicibus crassis, depressis,
mutatis, impressi. Ult. anfract. spiram subæquans, lamellis 10 vel 12 ornatus, basi convexiusculus et funiculo cir-
cumscriptus. Apertura ovali-rotundata, antice subeffusa.
Peristoma duplex. Internum continuum, valde foliaceum,
supra columellam reflexum. Long. 12 mill. : diam. maj.
6 mill. ; Alt. max. anfr. 6, 5 mill. ; diam. apert. 3—2, 5
mill.*

Nous ne connaissons pas encore d'exemplaire vérita-
blement complet de cette rare espèce. Le meilleur que
nous ayons sous les yeux vient de la collection de
M. Morlet ; son ouverture n'est pas bien intacte. Il nous
est donc difficile de donner une description détaillée de
cette intéressante espèce qui nous semble cependant être
un véritable Gyroscala. La surface paraît tout à fait lisse,
mais cela est peut-être dû en partie à l'usure. Les côtes
se recourbent brusquement à la circonférence du dernier
tour, elles coupent alors le cordon basal et se continuent
jusqu'à la columelle où elles forment par leur réunion
un cordon en torsade peu apparent.

Terrain. — Eocène supérieur. Sables moyens.
Localités. — Cresnes (Seine - et - Oise) ! |(Coll. de
M. Morlet) ; Le Ruel, La Tuilerie (Seine-et-Oise) !!!
(Ma collection). Très rare. Un seul exemplaire adulte
et à peu près complet.

V. ACRILLA GALLICA, de Boury, nom. mut.

1833. *Scalaria multilamella* (Basterot). DESHAYES (pars). Coq. foss. env. Paris, t. II, p. 196, n° 3, pl. XXII, fig. 15-16. (Non Basterot).

1848. — — — BRONN. Ind. pal., t. III, p. 1116 (pars). — (Non Basterot).

1850. — — — D'ORBIGNY. Prodr. de pal., t. II, p. 340, n° 48. (Non Basterot).

1861. — — — DESHAYES. A. s. vert. bass. Paris, t. II, p. 342, n° 22 (pars). — (Non Basterot).

1871. — — — NYST. Tabl. synopt. et synon. G. Scalaria, p. 46, (Ann. Soc. Mal. Belg., t. VI, p. 122 (pars). — (Non Basterot).

1884. — — — RAINCOURT. Note sur la faune de Septeuil. (Bull. Soc. Géol. France, 3ᵉ sér., t. XII, p. 550).

La synonymie de cette espèce a été fort difficile à établir par suite d'une quadruple erreur commise par Deshayes ; 1° Bien que cet auteur soutienne le contraire, l'espèce du Bassin de Bordeaux n'est pas la même que celle des environs de Paris ; 2° Deshayes assimile deux coquilles appartenant l'une et l'autre aux mêmes couches du calcaire grossier, tandis qu'elles sont en réalité fort différentes ; 3° Il prend pour variété celle qu'il croit identique à la Scalaire miocène, variété qu'il aurait dû par suite conserver pour type. La forme qu'il considère comme type du Bassin de Paris est, comme nous venons de le dire, absolument différente ; 4° La coquille que Deshayes identifie au *S. multilamella, Basterot*, n'est autre chose que le *S. monocycla, Lamk.* Il importe donc de donner un nom nouveau à l'espèce que Deshayes avait prise pour son type. Nous proposons le nom d'*Acrilla gallica, de Boury, nom. mut.* pour cette forme qui est aussi la plus répandue, conservant à l'espèce trapue le nom qui lui avait été attribué par Lamarck. Nous caractériserons ainsi l'A. gallica, d'après un exemplaire de grande taille.

A. testa imperforata, valde elongata, turrita, angusta, longitudinaliter costis capillaceis, vix prominulis, ad suturam valde inflexis et subauriculatis et spiraliter liris tenuissimis impressa. Spira elongato-turrita, angusta, apice acuto, subulato et lævigato. Sutura satis lata et mediocriter profunda. Ultimus anfractus spira multo minor, basi subplanatus, disco lato munitus, lamellis circiter 40 ornatus. Apertura ovalis antice subeffusa. Peristoma duplex ; internum continuum et valde foliaceum ; externum peristoma tenue.

Terrain. — Eocène moyen. Calcaire grossier.

Localités. — Grignon (Seine-et-Oise) !!! ; Parnes (Oise) !!! ; Chaussy (Seine-et-Oise) !!! ; Vaudancourt (Oise) !!! ; L'aunaie (Oise) !!! ; Chaumont (Oise) !!! ; Requiécourt (Eure) !!! (Ma collection) ; Septeuil (Seine-et-Oise) ! (de Raincourt) ; Amblainville (Oise) et Pacy-sur-Eure (Eure) ! (M. Morlet) ; etc.

VI. ACRILLA MONOCYCLA, Lamarck.

1804. *Scalaria monocycla*, Lamk.		Lamarck. Ann. du Mus., vol. iv, p. 214, n° 4.
1819.	— — —	Lamarck. An. s. vert., t. vi, part. ii, p. 229, n° 2.
1827.	— — —	Defrance. In Dict. Sc. Nat., t. 48, p. 18.
1833.	— — —	Deshayes. Coq. foss. env. Paris, t. ii, p. 194.
1848.	— — —	Bronn. Ind. pal., t. iii, p. 1116.
1861.	— *multilamella* (Bast).	Deshayes. An. s. vert. bass. Paris, t. ii, p. 342. (Pars. varietas). — (Non Basterot).
1871.	— *monocycla*, Lamk.	Nyst. Tabl. synopt. et synon. G. Scalaria, p. 44. (Ann. Soc. Mal. Belg., t. vi, p. 120).

Non S. monocycla, Kiener. = Gyroscala commutata, Monterosato.

Non S. monocycla, Scacchi. = ? S. commutata, Monterosato.

D'Orbigny n'a pas repris cette espèce dans son Prodrome.

Bien que cette espèce n'ait été décrite que très-sommairement par Lamarck, il est difficile de ne pas y reconnaître la coquille que l'on trouve surtout à Grignon et que Deshayes regardait comme identique à la forme miocène décrite par Basterot sous le nom de *S. multilamella*. Il ne peut guère y avoir d'hésitation qu'entre l'*A monocycla* et notre *A. gallica*, or le terme : *testa conica* employé par Lamarck ne convient qu'à la première espèce.

L'*A. monocycla* diffère de l'*A. gallica*. 1° Par sa forme bien plus conique. L'A. gallica est turriculé ; 2° Par sa taille qui n'atteint jamais celle des grands individus de l'A. gallica ; 3° Par ses lames plus anguleuses au voisinage de la suture.

On le distingue de l'*A. Deslonchampsi, Rainc. et Mun.*, dont il est fort voisin. 1° Par sa forme moins ventrue ; 2° Par ses lames moins élevées et beaucoup moins anguleuses au voisinage de la suture, qui, chez l'A. Deslonchampsi, est plus étroite et semble plus profonde par suite de la forme des lames qui donne lieu à une espèce de rampe spirale, au dessous de la suture.

L'*A. monocycla* a de grands rapports avec l'*A. multilamella, Basterot* des environs de Dax, mais chez cette dernière espèce la suture est beaucoup moins oblique et par suite l'accroissement des tours très lent ; les lames sont bien plus serrées et infiniment plus anguleuses à leur partie supérieure, l'ouverture est beaucoup plus petite et la base plus déprimée.

La figure donnée par Basterot est très mauvaise et ne permet pas de reconnaître l'espèce. Grâce à M. Benoist de Bordeaux nous possédons une série assez complète de Scalaires du Miocène du Sud-Ouest, et il n'y a que cette espèce que nous puissions rapprocher de la coquille de Grignon, localité également citée pas Basterot, mais à tort. Peut-être même, trouvant les exemplaires de cette localité en meilleur état, aura-t-il fait figurer l'un d'eux. Le dessin qu'il donne ne permet pas de le savoir. En tout cas il avait en vue l'espèce de Dax, et c'est elle qui doit rester comme véritable type de l'A. multilamella, Basterot.

Terrain. — Calcaire grossier.
Localités. — Grignon (Seine-et-Oise) !!! ; Vaudancourt (Oise) !!! (Ma collection) ; Essômes, Parnes, Montmirail ! (Coll. de M. de Laubrière) ; Mouchy (Oise) ! (Coll. de l'Ecole des Mines).

VII. ACRILLA ESSOMIENSIS, de Boury, nov. sp.

Nous n'avons pas en ce moment sous les yeux cet Acrilla et nous nous bornerons à en donner une description succincte d'après les notes que nous avons prises autrefois. Cette coquille a beaucoup de ressemblance avec les jeunes individus de l'A. gallica, forme qui est beaucoup plus répandue à cet âge qu'à l'état adulte. L'*A. Essomiensis*, en diffère cependant par sa forme très élancée, ses tours infiniment plus convexes et la suture bien plus profonde et subcanaliculée. La columelle est droite, tranchante et non épaisse et repliée comme chez l'A gallica.

Terràin. — Calcaire grossier inférieur.
Localité. — Essômes (Aisne). (Coll. de M. de Laubrière, n° 16). Deux exemplaires.

VIII. ACRILLA RETICULATA, Solander sp.

1766. *Turbo reticulatus*, Solander.	BRANDER, SOLANDER. Foss. Hanton., p. 17, pl. I, fig. 27. (Fossiles trouvés par Brander, décrits par, Solander).
1804. *Scalaria decussata*, Lamk.	LAMARCK. Ann. du Mus., t. IV, p. 213, n° 2.
1806. — — —	LAMARCK. Ann. du Mus. t. VIII, pl. 37, fig. 3.
1819. — — —	LAMARCK. An. s. vert., t. VI, 2e part., p. 229.
1827. — *reticulata*, Solander, sp.	J. C. DE SOWERBY. Min. Conch., t. VI, p. 150, tab. DLXXVII, fig. 5.
1827. — *decussata*, Lamk.	DEFRANCE. Dict. Sc. Nat., t. 48, p. 18.
1832. — — —	DESHAYES. Encycl. méth., t. III, p. 932.

1833.	—	—	—	DESHAYES. Coq. foss. env. Paris, t. II, p. 197, n° 4, pl. XXIII, fig. 1, 2.
1848.	—	*reticulata,* Solander, sp.		BRONN. Ind. pal., t. III, p. 1116.
1848.	—	*decussata,* Lamk.		BRONN. Ind. pal., t. III, p. 1115.
1850.	—	*reticulata,* Solander, sp.		D'ORBIGNY. Prodr. de Pal., t. II, p. 340.
1850.	—	*decussata,* Lamk.		D'ORBIGNY. Prodr. de Pal., t. II, p. 340.
1861.	—	—	—	DESHAYES. An. s. vert. bass. Paris, t. II, p. 339.
1871.	—	*reticulata,* Solander, sp.		H. NYST. Tabl. synopt. et synon. G. Scalaria, p. 54. (Ann. Soc. Mal. Belg., t. VI, p. 130).
1871.	—	*decussata,* Lamk.		H. NYST. Tabl. synopt. et synon. G. Scalaria, p. 28. (Ann. Soc. Mal. Belg., t. VI, p. 104.

Non S. reticulata, Michelotti. = S. amœna, Philippi. (Fide Nyst),

Non S. reticulata, Philippi. = S. reticulosa, Nyst. nom. mut.

Non S. reticulata, Sandberger, 1853. = S. crassitexta, Sandberger, 1858.

Non S. reticulata, Morris. = S. semicostata, Sow. (Fide Nyst.

Non S. reticulata, Nyst. = S. amœna, Philippi (Nyst).

Observations. — Cette espèce n'a pas été reprise par *Dixon* dans sa *Geology of Sussex.* — Nous avons conservé *Solander* comme nom d'auteur, car la description des fossiles trouvés par Brander est due à *Solander.* On admet généralement que les *Foss. Hanton,* sont dus à

2

Brander et à Solander, mais nous ne partageons pas l'avis d'un certain nombre d'auteurs qui attribuent les espèces à *Brander*.

Nous pensons que les prévisions de Nyst (Tabl. synopt. et synon. G. Scalaria, p. 54, n° 260. Observations), sont exactes et que le : *S. reticulata, Solander, sp.*, et le *S. decussata, Lamk.*, ne constituent qu'une seule et même espèce. Nous les réunissons pour le moment, quitte à revenir plus tard sur cette assertion, si l'examen d'exemplaires plus nombreux et mieux conservés de la forme anglaise nous oblige un jour à changer d'opinion. Nous possédons de Cuise quelques fragments que nous ne pouvons séparer de l'espèce du calcaire grossier. La découverte d'individus entiers pourra seule nous fixer définitivement sur ce sujet.

Terrain. — France : Eocène inférieur et moyen. Sables de Cuise et Calcaire grossier. Angleterre : Eocène.

Localités. — Cuise (Oise) !! (Ma collection) ; L'aunaie (Oise) !!! ; Parnes (Oise) ; Grignon (S.-et-O.) !!! etc... (Ma collection) ; Amblainville (Oise) ! (Coll. de M. Morlet).

IX. ACRILLA SEMICOSTATA, Sowerby.

1813. *Scalaria semicostata,* J. Sowerby.		J. Sowerby. Min. Conch., t. I, p. 50, pl. xvi, fig. du milieu.
1827. — — —		J. C. de Sowerby. Min. Conch., t. vi, p. 150, pl. 577, fig. 6.
1848. — — —		Bronn. Ind. pal., t. iii, p. 1117.
1850. — — —		D'Orbigny. Prodr. de pal., t. ii, p. 340, n° 36.
1854. — *reticulata,* Morris.		Morris. Cat. of Brit. foss., 2e édit., p. 278. (Fide Nyst. Tabl. syn.).
1861. — *semicostata,* Sowerby.		Deshayes. An. s. vert. bass. Paris, t. ii, p. 343, pl. xxiii, fig. 13-16.
1871. — — —		Nyst. Tabl. synopt. et synon. G. Scalaria, p. 56.(Ann. Soc. Mal. Belg., t. vi, p. 132).

Nous ne voyons jusqu'ici aucune raison pour séparer la forme du Bassin de Paris de celle des environs de Londres. Dans nos terrains cette coquille est le plus souvent mutilée ou roulée. On ne distingue les stries transverses que sur les exemplaires bien conservés. L'*A. semicostata]* est beaucoup moins conique et plus étroit que l'*A. Deslonchampsi, Rainc. et Mun.*, avec lequel il a pas mal de rapports. Chez cette dernière espèce les tours sont plus anguleux au voisinage de la suture et il n'existe de stries spirales qu'au sommet de la coquille.

X. ACRILLA ADAMSI, de Boury, nov. sp.

? An Scalaria multilamella, Melleville 1843. (Mém. sur les sabl. tert. inf. du Bass. de Paris, p. 25).

Nous ne pouvons malheureusement pas donner de description complète de cette espèce que nous ne connaissons pas entière. Par sa forme générale elle semble avoir de l'analogie avec l'*A. gallica*, mais : 1° Les lames sont infiniment moins nombreuses et elles sont relativement épaisses ; 2° Ces lames en se repliant sur le disque s'encroutent en quelque sorte et deviennent larges et déprimées ; 3° Le disque est plus aplati et son rebord est plus saillant ; 4° Les stries transverses sont plus fortes. Dans les listes de fossiles qu'il donne, Melleville cite un *S. multilamella*, qui n'est sans doute autre chose que notre *A. Adamsi.* Nous dédions cette espèce à H. Adams l'auteur du sous-genre Acrilla.

Terrain. — Eocène inférieur. Sables de Cuise,
Localité. — Cuise (Oise)!!! (Ma collection).

XI. ACRILLA FAYELLENSIS, de Boury, nov. sp.

A. testa imperforata, elongato-turrita, costis longitudi-nalibus, crassiusculis impressa. Sutura profunda occursu anfractuum constituta. Anfractus 7 1/2 valde convexi, lente crescentes, embryonales partim deficientes, nitidi; sequentes costis longitudinalibus crassiusculis impressi; ultimus anfractus spira minor, costis longitudinalibus 17 ornatus, basi subdepressus et disco crasso munitus. Apertura rotundata, antice parum effusa. Peristoma duplex?, tenue. Long. 6 mill.; diam. maj. 2, 5 mill.; alt. max. anfr. 2, 6 mill.; diam. apert. 1, 2 — 1 mill.

Il est probable que cette espèce possède des stries transverses, mais l'usure empêche de les distinguer sur notre type. Nous possédons d'Alum-Bay (Ile de Wight) une Scalaire qu'il nous est impossible de séparer de celle-ci. On voit sur cet exemplaire des stries spirales très fines et très peu apparentes. L'*A. Fayellensis* a une forme spéciale qui l'éloigne des autres Acrilla du

Bassin de Paris. C'est de l'*A. Deslonchampsi, Rainc. et Mun.* qu'il se rapproche le plus, mais il en diffère : 1° Par sa taille bien plus petite ; 2° Par sa forme beaucoup plus étroite ; 3° Par ses côtes plus épaisses, moins nombreuses, légèrement onduleuses ; 4° Par ses tours plus convexes ; 5° Par son disque plus épais. Cette coquille à l'état adulte est d'une excessive rareté. Les jeunes ou les fragments sont un peu plus fréquents, bien que toujours très rares.

Terrain. — Eocène supérieur. Sables moyens. — Ile de Wight : éocène.

Localités. — France : Le Fayel (Oise) !!! ; Ile de Wight : Alum Bay. (Trouvé par M. de Morgan). (Ma collection).

Type de l'espèce. — Le Fayel (Ma collection).

XII. ACRILLA CUISENSIS, de Boury, nov. sp.

1861. *Scalaria acuta* (Sowerby). DESHAYES. An. s. vert. bass. Paris, t. II, p. 340, pl. XXIII, fig. 7-9. (Non Sowerby).

Nous avons démontré, au sujet du *S. acuta, Sow.,* que cette espèce était toute différente de celle du Bassin de Paris, nommée S. acuta par Deshayes.

Nous proposons pour cette dernière espèce le nom d'*Acrilla Cuisensis, de Boury, nov. sp.* ; c'est en effet à Cuise qu'on la rencontre le plus souvent.

Terrain. — Eocène inférieur. Sables de Cuise.
Localités. — Cuise (Oise) !!! ; ?? Le Roquet (Seine-et-Oise) !!! ; ?? Hérouval (Oise) !!! ?? (Ma collection). Très rare.

XIII. ACRILLA LAMBERTI, Deshayes.

1861. *Scalaria Lamberti*, Desh.	DESHAYES. An. s. vert bass. Paris, t. II, p. 349, pl. XI, fig. 27-28.
1871. — — —	NYST. Tabl. synopt. et synon. G. Scalaria, p. 40. (Ann. Soc. Mal. Belg., t. VI, p. 116).

Nous ne sommes pas absolument certain que cette coquille soit un véritable *Acrilla*. Elle n'en a pas tout à fait le facies. Nous croyons cependant devoir la laisser dans ce groupe, au moins d'une façon provisoire.

XIV. PLICISCALA GOULDI, Deshayes.

1861. *Scalaria Gouldi*, Desh. DESHAYES. An. s. vert. bass. Paris,
t. II, p. 346, pl. XI, fig. 15-16.
1871.   —   —   —   NYST. Tabl. synopt. et synon. G. Scalaria, p. 34. (Ann. Soc. Mal. Belg.,
t. VI, p. 110).

Le *P. Gouldi* appartient à l'un des groupes de Scalaires les plus difficiles à étudier, ce qui tient sans doute en partie à la petite taille des espèces qu'il renferme. Nous devons avouer que nous n'avons pas encore pu nous créer une opinion bien exacte sur les formes que l'on rencontre dans le Bassin de Paris. Elles ont été décrites soit par Deshayes : *P. Gouldi*, *P. propinqua*, soit par de Raincourt : *P. Sellei* ; malheureusement les descriptions de ces auteurs ne sont pas exactes. Si nous prenons celle du *P. Sellei*, nous observons que de Raincourt mentionne un disque lisse, or l'examen du type lui-même nous a montré tout le contraire. Ce disque porte des stries concentriques de fines ponctuations, comme toutes les autres espèces du groupe. Nous possédons dans notre collection un exemplaire qui s'y rapporte parfaitement. Prenons maintenant les deux descriptions de Deshayes. Elles ne mentionnent que de faibles différences ; presque toutes nous paraissent inexactes. Nous n'en voyons pas de sensibles dans la forme du disque, l'inclinaison du plan de l'ouverture sur l'axe. L'épaississement du labre nous paraît offrir des variations assez notables suivant les individus. Nous avons pu étudier dans notre seule collection un certain nombre d'échantillons plus ou moins entiers de ces trois espèces, pourtant fort rares, sans compter les types, et d'autres exemplaires qui nous ont été communiqués. Nous n'avons pu nous convaincre complètement de la validité des trois types, à cause des passages que nous avons cru remarquer. En prenant *les extrêmes* voici les principales différences que l'on pourrait observer et qui sont parfaitement rendues par les figures de Deshayes pour les S. Gouldi et S. propinqua : 1° *P. Gouldi*. Coquille étroite, allongée à suture profonde et subcanaliculée, la partie supérieure des tours se coupant assez brusquement au dessus de celle-ci. Les côtes épaisses sont relativement espacées. Le labre est très épais et les varices bien accentuées ; 2° *P. propinqua*. Coquille plus conique, à suture plus largement ouverte. Les tours sont coupés moins brusquement à leur partie supérieure et ne forment pas une espèce de rampe au dessus de la suture. Les côtes sont moins larges et plus serrées. Le labre est moins épais et moins dilaté que chez le *P. Gouldi* et le *P. Sellei* ; 3° *P. Sellei*. Cette espèce est plus conique que le *P. Gouldi* dont il a les côtes assez épaisses, accompagnées de nombreuses varices.

Si plus tard on juge nécessaire de réunir les trois sepèces en une seule, celle-ci devra conserver le nom de *P. Gouldi, Desh.*, bien que le *P. propinqua* vienne avant lui dans l'ouvrage de Deshayes. Il est évident que le nom de cette seconde espèce a été adopté par son auteur pour montrer les affinités qui existent entre le *P. Gouldi* et le *P. propinqua*. Ce serait donc un tort de préférer, comme on doit le faire habituellement, le premier terme employé, car il impliquerait une idée fausse, celle de la distinction de deux espèces, qui, suivant cette manière de voir, n'en feraient réellement qu'une seule.

XV. PLICISCALA PROPINQUA, Deshayes.

1861. *Scalaria propinqua*, Desh.	DESHAYES. An. s. vert. bass. Paris, t. II, p. 345, pl. XI, fig. 31-32.
1871. — — —	NYST. Tabl. synopt. et synon. G. Scalaria, p. 52. (Ann. Soc. Mal. Belg., t. VI, p. 128).

Voyez ce que nous avons dit au sujet du *P. Gouldi*, *Desh.*

XVI. PLICISCALA SELLEI, Raincourt.

1876. *Scalaria Sellei*, Raincourt. DE RAINCOURT. Bull. Soc. géol. France, 3ᵉ série, t. IV, p. 291, pl. v. fig. 3.
1884. — — — DE BOURY. Bull. Soc. géol. France, 3ᵉ série, t. XII, p. 667.

Même observation que pour l'espèce précédente.

XVII. PLICISCALA LAMARCKII, Deshayes.

1861. *Scalaria Lamarckii*, Desh. DESHAYES. An. s. vert. bass. Paris, t. II, p. 347, pl. XI, fig. 33, 34.
1871. — — — NYST. Tabl. synopt. et synon. G. Scalaria, p. 40. (Ann. Soc. Mal. Belg., t. VI, p. 116).

Nous éprouvons pour cette espèce et pour le *P. obso-leta*, les mêmes difficultés que pour les précédentes.

Elles sont encore augmentées par ce fait que nous ne connaissons le *P. obsoleta* entier et adulte que par le type de Deshayes, type qui est lui-même en fort mauvais état de conservation. Le type de son *P. Lamarckii* est encore moins bien conservé et même presque indéterminable. Fort heureusement nous possédons d'excellents exemplaires de cette dernière espèce. Là encore les descriptions de Deshayes sont fausses, mais cela s'explique par le manque de bons matériaux. Cet auteur donne les disques de ces deux espèces comme lisses. Le fait est absolument inexact pour le *P. Lamarckii* et très probablement aussi pour le *P. obsoleta*, car nous ne connaissons pas dans ce groupe d'espèces ayant le disque lisse. Un des principaux caractères différentiels indiqués par lui consiste dans la présence chez le *P. obsoleta* de ponctuations qui feraient défaut chez le *P. Lamarckii*. Or, si l'on examine un bon exemplaire de cette dernière espèce, on le voit couvert de ponctuations très-élégantes. Deshayes ajoute que le *P. obsoleta* diffère encore notablement du *P. Lamarckii* par l'absence de varices. Si la figure de cet auteur est exacte, cette donnée serait encore fausse, car sur la figure 20 de la pl. 12 on remarque une varice à la limite de l'avant dernier tour du côté du sommet. Deshayes passe encore en revue un certain nombre de caractères qui demanderaient à être vérifiés sur plusieurs bons exemplaires et qui permettraient de confirmer l'existence des deux espèces que nous croyons du reste distinctes.

Voici les principales différences que Deshayes indique en outre de celles que nous avons mentionnées plus haut. Celles-ci nous paraissent plus exactes. Chez le

P. Lamarckii les tours sont moins convexes et plus larges que éhez le *P. obsoleta*. Les côtes sont moins régulières et les grosses varices plus nombreuses. Nous ajouterons, d'après les figures, que chez le *P. Lamarckii* les côtes semblent plus épaisses, l'ouverture moins ovale et moins dilatée du côté du labre qui est aussi moins épais. La base est plus déprimée et porte une sorte de dépression columellaire qui simule une légère perforation, mais qui, nous croyons, n'en est réellement pas une.

XVIII. PLICISCALA OBSOLETA, Desh.

1861. *Scalaria obsoleta*, Desh. Deshayes. An. s. vert. bass. Paris, t. ii, p. 348, pl. xii, fig. 10.

1871. — — — Nyst. Tabl. synopt. et synon. G. Scalaria, p. 48. (Ann. Soc. Mal. Belg., p. 124).

Voyez nos observations au sujet du *P. Lamarckii*, *Desh.*

DENTISCALA MARGINOSTOMA, Baudon.

1856. *Scalaria marginostoma*, Baudon.	Baudon. Descript. coq. foss. nouv. (Journ. de Conchyl., vol. v, p. 95, pl. iv, fig. 6.
1861. — *Wardi*, Desh.	Deshayes. An. s. vert. bass. Paris, t. ii, p. 352, pl. xi, fig. 17-19.
1861. — *turrella*, Desh.	Deshayes. An. s. vert. bass. Paris, t. ii, p. 352, pl. xi, fig. 23-24.
1871. — *marginostoma*, Baudon.	Nyst. Tabl. synopt. et synon. G. Scalaria, p. 42. (Ann. Soc. Mal. Belg. t. vi, p. 118).
1871. — *Wardi*, Desh.	Nyst. Tabl. synopt. et synon. G. Scalaria, p. 70. (Ann. Soc. Mal. Belg., t. vi, p. 146).
1871. — *turrella*, Desh.	Nyst. Tabl. synopt. et synon. G. Scalaria, p. 66. (Ann. Soc. Mal. Belg., t. vi, p. 142).

Deshayes a commis une double erreur au sujet de cette jolie Scalaire. Il a d'abord oublié de reprendre l'espèce de M. Baudon. Le fait est d'autant plus étonnant qu'il a cité un certain nombre de coquilles décrites dans le même article : Triforis bitubulatus, etc.., Grâce à l'obligeance de M. le Dr Baudon nous avons eu entre les mains le type décrit par lui et deux autres individus recueillis dans les mêmes localités. Nous avons pu constater, en les comparant aux échantillons de Deshayes et aux nôtres, que les deux espèces n'en faisaient qu'une. Nous avons du reste trouvé un exemplaire à Vaudancourt, dans un dépôt identique à celui de Mouchy et contenant les mêmes fossiles. L'espèce est beaucoup plus rare dans cet horizon que dans les couches plus inférieures du calcaire grossier. Des recherches multipliées à Parnes et à l'Aunaie nous ont procuré bon nombre d'exemplaires de cette coquille fort rare dont nous possédons également une belle série de Grignon. Ces matériaux nous ont permis de constater que le *S. turrella*, *Desh.* n'était qu'une variété étroite et jeune du *S. marginostoma*. Nous possédons dans notre collection plusieurs individus semblables au type de Deshayes et d'autres exemplaires qui passent au *S. marginostoma*. L'erreur de Deshayes s'explique assez facilement, car il ne connaissait qu'un très petit nombre de *S. marginostoma* et le *. turrella* est représenté dans sa collection par un seul individu.

Terrain. — Eocène inférieur. Calcaire grossier.

Localités. — Grignon (Seine-et-Oise !!); Parnes (Inf. et moyen) !!! ; Vaudancourt (Oise) !!! ; Requiécourt (Eure) !! ; Montainville !! (Ma collection); Saint-Félix (Oise) (M. Baudon).

Observations. — Nous possédons de la Ferme de l'Orme une Scalaire que nous croyions différente du *D. marginostoma*, mais nous n'osons pas encore l'en séparer. Nous la regarderons comme une variété que nous appellerons *D. marginostoma, Baudon, var. eoce-*

nica de Boury. S'il faut l'ériger plus tard au rang d'espèce elle pourra porter celui de *D. eocenica, de Boury*. Elle se rapproche beaucoup de la *variété turrella* du *D. marginostoma*, mais les côtes me semblent moins grosses, plus étroites, plus nombreuses et beaucoup moins effacées du côté de la base. La suture paraît moins profonde, moins largement canaliculée ce qui empêche les tours de paraître aussi disjoints. Toutefois ces différences et les passages que nous croyons observer ne nous paraissent légitimer que l'établissement d'une variété.

Terrain. — Calcaire grossier.

Localités. — Ferme de l'Orme (Seine-et-Oise) !! Type. (Ma collection. Don de M. Morlet). M. Cossmann en possède un bel exemplaire, mais nous ne nous rappelons plus la localité.

XX. CRASSISCALA PLICATA, Lamarck.

1804. *Scalaria plicata*, Lamk.	LAMARCK. Ann. du Mus., t. IV, p. 214, n° 5.	
1822. — — —	LAMARCK. An. s. vert. bass. Paris, t. VII, p. 553.	
1833. — — —	DESHAYES. Coq. foss. bass. Paris, t. II, p. 199, pl. XXIII, fig. 9-10.	
1861. — — —	DESHAYES. An. s. vert. bass. Paris, t. II, p. 346.	

1871. —   —   —   Nyst. Tabl. synopt. et synon. G.
                      Scalaria, p. 50. (Ann. Soc. Mal.
                      Belg., t. vi, p. 126).

Cette espèce que Lamarck ne nous a fait connaître
que par une description de quelques mots et sans aucune
figure est demeurée assez incertaine. Nous n'avons pu
examiner le type qui se trouve sans doute au Musée de
Genève. C'est probablement lui que Deshayes a fait figurer, car dans sa collection nous ne trouvons sous ce nom
qu'un très jeune Scalaria qui appartient sans doute à une
autre espèce. Nous possédons de Grignon une Scalaire
qui se rapporte assez bien à la figure de Deshayes et qui
n'est ni le S. Francisci, ni le S. variculosa. Elle se rapproche de cette dernière espèce par ses côtes nombreuses
et bien marquées, mais elle en diffère par sa forme bien
plus conique et par sa base, qui est recouverte d'un
disque tandis que celui du *S. variculosa* est à peine indiqué. Le *S. Francisci* est bien plus épais, moins conique ; ses côtes sont moins nombreuses, moins développées et son disque est bien moins apparent.

Terrain. — Calcaire grossier.
Localité. — Grignon (Seine-et-Oise) !!! (Ma collection.
Trois exemplaires).

XXI. CRASSISCALA FRANCISCI, Caillat.

1834 [1].	*Scalaria Francisci*, Caillat.	CAILLAT. Mém. Soc. des Sc. nat. de Seine-et-Oise, p. 5, pl. IX, fig. 3.
1850.	— — —	D'ORBIGNY. Prodr. de pal., t. II, p. 340, n° 52.
1861.	— *Caillati*, Desh.	DESHAYES. An. s. vert. bass. Paris, t. II, p. 351, pl. XIII, fig. 18-20.
1871.	— *Francisci*; Caillat.	NYST. Tabl. synopt. et synon. G. Scalaria, p. 32. (Ann. Soc. Mal. Belg., t. VI, p. 108).
1871.	— *Caillati*, Desh.	NYST. Tabl. synopt. et synon. G. Scalaria, p. 18. (Ann. Soc. Mal. Belg., p. 94).

Deshayes a omis de reprendre le *S. Francisci*, publié cependant dans un travail qui lui était connu. Il a décrit la même espèce sous le nom de *S. Caillati*. Nous possédons plusieurs exemplaires de cette coquille fort rare. Comme presque toutes les Scalaires elle présente deux types l'un assez large, l'autre plus étroit qui n'est sans doute que le mâle. C'est la dernière forme qui a été décrite par Caillat sous le nom de *Scalaria Francisci*, nom que nous devons désormais donner à cette espèce.

---

[1] Ce travail a été présenté en 1834, mais il n'a paru en réalité qu'en 1835.

XXII. TENUISCALA LAUBRIEREI, de Boury,
nov. sp.

T. testa fragilis, imperforata, elongato-conica, angusta, costis longitudinalibus et liris spiralibus regulariter de-cussata. Spira elongato-conica, apice acuto et subulato. Sutura mediocriter profunda. Anfractus 10. Embryonales 4, primus nitidus, sequentes costis undulatis muniti ; cæteri convexi, costis longitudinalibus et liris spiralibus 7 regulariter decussati ; ult. anfract. spira multo minor, costis longitudinalibus circiter 30 et liris spiralibus 8, latis, sat prominulis, impressus, basi convexiusculus, ad locum umbilici disco tenui et spiraliter liris ornato muni-tus. Apertura ovalis. Peristoma tenue, simplex, interrup-tum. Long. 5 mill. ; diam maj. 1, 5 mill. ; alt. max. anfr. 2, 5 mill. ; diam. apert. 0, 8 — 0, 6 mill.

Cette jolie coquille que nous dédions à M. de Lau-brière, assidu chercheur des fossiles du Bassin de Paris, n'a d'analogie qu'avec le *S. Michelini, Desh.*, espèce que nous ne connaissons que par la figure de Deshayes et qui provient du Fayel. Elle a les tours moins convexes que le *T. Laubrierei.* Sa forme est plus turriculée et les cordons transverses paraissent bien plus nombreux.

Deshayes n'indique pas de disque sur sa figure, mais c'est peut-être la faute du dessinateur qui n'aura pas bien rendu cette partie du reste très peu visible chez les Tenuiscala. Par tous ses caractères le *S. Michelini*, nous paraît bien appartenir au même groupe que le *T. Laubrierei*.

Terrain. — Calcaire grossier.

Localités. — Parnes (Oise) !!! (Type figuré) ; L'Aunaie près Parnes (Oise) !!! (Ma collection) ; L'Orme (Coll. de M. Morlet et la mienne. M. de Laubrière possède également cette jolie et rare espèce.

XXIII. TENUISCALA RAMONDI, de Boury, nov. sp.

T. testa imperforata, elongato-turrita, costis longitudinalibus obsoletis et liris spiralibus latis impressa. Spira elongato-turrita, apice subacuto. Sutura mediocriter profunda et subcanaliculata. Anfractus 7 1/2. Embryonules 2 nitidi. Sequentes leviter convexi, inferne et superne subangulati, costis longitudinalibus obsoletis et liris spiralibus 6, latis depressisque impressi. Ultimus anfractus spira multo minor, costis longitudinalibus circiter 25 et liris spiralibus 7 ornatus, basi convexus, disco obsoletissimo et liris spiralibus ornato præditus. Apertura ovali-

subquadrata. Peristoma tenue, simplex, interruptum.
Long. 5 mill.; diam. maj. 1 mill.; alt. max. anfr.
1 mill.; diam. apert. 0, 5 — 0, 5 mill.

Cette petite espèce, dont nous prions notre ami
M. Georges Ramond de vouloir bien accepter la dédi-
cace, ressemble au *T. Laubrierei* et plus encore au *T.*
Michelini. Elle diffère du premier par sa forme plus trapue, son sommet bien moins pointu. La suture est canaliculée et les tours sont un peu anguleux de chaque
côté de celle-ci. Les côtes longitudinales sont bien
moins développées, tandis que les stries spirales sont plus
larges et moins nombreuses. L'ouverture est plus sub-
quadrangulaire.

Notre coquille diffère du *T. Michelini* par ses côtes
longitudinales bien moins développées et ses stries spirales beaucoup plus nombreuses.

Terrain. — Calcaire grossier.
Localité. — La ferme de l'Orme (Seine-et-Oise) !!
(Coll. de M. Morlet et la mienne : Type de l'espèce, don
de M. Morlet).

XXIV. CERITHISCALA PRIMULA, Deshayes.

1861. *Scalaria primula*, Desh. DESHAYES. An. s. vert. bass. Paris,
t. II, p. 339, pl. XI, fig. 25-26.

1871.   —   —   —   NYST. Tabl. synopt. et synon. G.
Scalaria, p. 50. (Ann. Soc. Mal.
Belg., t. VI, p. 126).

Cette petite coquille fort rare n'était connue de
Deshayes que par le type unique de M. le Dr Baudon
qui a bien voulu nous le communiquer avec son obligeance habituelle. Depuis nous en avons retrouvé deux
beaux exemplaires à Vaudancourt dans un gisement
identique à ceux des environs de Mouchy. L'embryon
seul présente quelques légères différences, ce qui nous
empêche d'avoir une certitude absolue au sujet de la
similitude de ces deux formes. L'embryon de la coquille
de Mouchy est plus gros et composé de deux tours lisses
et obtus. Les autres caractères semblent identiques,
aussi, provisoirement, nous croyons utile de ne pas séparer les exemplaires de Mouchy et ceux de Vaudancourt. C'est d'après un de ces derniers que nous indique-
rons nos rapports et différences. Ce groupe renferme,
en effet, trois espèces dont deux surtout sont très voi-

sines, aussi croyons-nous utile d'indiquer les principaux caractères de chacune d'entre elles :

1° *Cerithiscala primula, Baudon.* — Coquille ornée de côtes et de cordons spiraux presque égaux, assez aigus et formant une petite nodosité à leur point d'intersection.

2° *Cerithiscala Munieri, Rainc.* — Coquille pourvue de côtes grosses et peu élevées, obtuses, coupées par des cordons spiraux beaucoup plus petits que les côtes. La nodosité formée par la rencontre des deux systèmes de sculpture est moins saillante que dans l'espèce précédente. Le nombre des tours est aussi plus considérable.

3° *Cerithiscala Cloezi, de Boury.* — Côtes et stries spirales égales, beaucoup plus nombreuses que chez les espèces précédentes, bien moins aigues que chez le *C. primula,* tout en restant moins grosses que chez le *C. Munieri.*

Terrain. — Calcaire grossier. Sables moyens ?

Localités. — Mouchy (Type de M. le Dr Baudon. Deshayes a mis Mouy) ; Vaudancourt (Oise) !!! (Ma collection) ; Parnes (Oise) !! (Ma collection). Nous possédons également du Fayel une coquille en assez mauvais état qui me paraît être un *C. primula.* Cette coquille est partout d'une excessive rareté.

Observations. — Nous venons de retrouver dans notre collection un *C. primula* identique à celui de Mouchy. La principale différence que nous observons est que l'embryon est plus gros, plus obtus et compte un tour de moins que dans la coquille de Vaudancourt. Des matériaux plus nombreux seront nécessaires pour trancher définitivement la question.

XXV. CERITHISCALA MUNIERI, Raincourt.

1870. *Scalaria Munieri*, Rainc. De Raincourt. Bull. Soc. géol. France, 2ᵉ série, t. xxvii, p. 627, pl. xiv, fig. 3.

1884. — — — De Boury. Bull. Soc. géol. France, 3ᵉ série, t. xii, p. 667 et tirage à part.

La figure que de Raincourt a donnée de cette coquille est si mauvaise qu'il est absolument impossible de la reconnaître. Les caractères de l'espèce sont complètement méconnus et faussés. Fort heureusement l'auteur lui même a eu la générosité de nous échanger un de ses exemplaires typiques. Nous sommes heureux d'en rendre hommage à sa mémoire. Nous avons indiqué au sujet du *C. primula*, les rapports et différences des deux espèces. Nous possédons des sables inférieurs plusieurs fragments importants qui nous semblent bien appartenir à la même espèce.

Terrain. — Sables de Cuise ; calcaire grossier.

Localités. — Liancourt-St-Pierre (Oise !!! (inf.). ; Le Roquet (Seine-et-Oise) !!! (Ma collection). Nous avons aussi, ce nous semble, trouvé l'espèce à Hérouval (Oise). — Chaussy (Seine-et-Oise) !! ; Parnes (Oise) !! ; Vaudancourt (Oise) !!! L'Aunaie (Oise). (Couches supérieures) !!! (Ma collection).

XXVI. CERITHISCALA CLOEZI, de Boury, nov. sp.

C. testa imperforata, elongato-conica, costis longitudinalibus crassiusculis parum prominulis et funiculis transversis decussata. Spira elongato-conica, apice subobtuso. Sutura mediocriter profunda. Anfractus 8. Embryonales primi 2 nitidi. Sequentes convexi, costis longitudinalibus crassiusculis et funiculis transversis 6 decussati. Ult. anfract. spira minor, basi convexiusculus, disco funiculis spiralibus obsoletisque ornato præditus. Apertura ovalis, vix subquadrata. Peristoma simplex interruptum. Long. 4, 5 mill. ; diam. maj. 1, 5 mill. ; alt. max. anfr. 2 mill. ; diam. apert. 7-6 mill.

Nous devons la connaissance de cette rare espèce à M. le Commandant L. Morlet qui nous a généreusement abandonné deux de ses exemplaires. Nous avons indiqué

au sujet du *C. primula*, les rapports et différences du
C. Cloezi avec cette espèce et avec le *C. Munieri*.

Terrain. — Calcaire grossier.
Localité. — Ferme de l'Orme (Seine-et-Oise) !!
(Coll. de M. Morlet et la mienne : type de l'espèce).

XXVII. FORATISCALA CERITHIFORMIS, Watelet.

1853. *Scalaria cerithiformis*, Wat.	WATELET. Sables tert. des env. de Soissons, 2e fasc., p. 24, f. 3.		
1861. —	—	—	DESHAYES. An. s. vert. bass. Paris, t. ii, p. 338, n° 13, pl. xii, fig. 18-19. (Exclus. var. sculptata, fig. 8-9).
1871. —	—	—	NYST. Tabl. synopt. et synon. G. Scalaria, p. 20. (Ann. Soc. Mal. Belg., t. vi, p. 96).

Nous n'admettons comme *S. cerithiformis* que la forme
des sables inférieurs, l'espèce du calcaire grossier que
Deshayes lui a réunie nous paraissant tout à fait dis-
tincte.

Terrain. — Sables de Cuise.
Localités. — Cuise-Lamotte (Oise) !! ; Hérouval
(Oise) !!! Liancourt-Saint-Pierre (Oise). (Ma collec-
tion).

XXVIII. FORATISCALA SCULPTATA, de Boury,
nov. sp.

1861. *Scalaria sculptata*, Desh. m. s. s.   Deshayes. An. s. vert. bass. Paris, explic. pl. xii, fig. 8-9.

1861.   —   *cerithiformis* (Wat.).   Deshayes (pars). An. s. vert. bass. Paris, t. ii, p. 338, pl xii, fig. 8-9. (Exclus. fig. 18-19).

Nous ne partageons nullement l'opinion de Deshayes qui réunit au *S. cerithiformis*, la forme qu'il avait d'abord l'intention de nommer *S. sculptata*. Deshayes ayant formellement renoncé à adopter cette seconde espèce nous croyons pouvoir nous l'attribuer. La raison sur laquelle il s'appuie pour réunir les deux formes nous semble assez peu logique. Il se base presque uniquement sur l'existence d'une perforation ombilicale, caractère que, d'après lui, on n'observe pas ailleurs. Le fait est absolument faux. Le *S. tenuistriata*, Bronn, dont nous possédons un exemplaire et qui appartient au même groupe, présente exactement ce caractère. Les *Coniscala* sont pourvus d'une perforation analogue. C'est donc là un caractère subgénérique que Deshayes a méconnu. Ce

système pourrait du reste avoir des conséquences fort
étranges. Faudrait-il réunir en une seule espèce tous les
Lacuna ayant une perforation peu différente et cela sans
tenir compte de la sculpture ! L'assertion de Deshayes
nous semble d'autant moins fondée qu'il reconnaît lui-
même les différences qui existent entre les deux types. Il
est vrai que la plupart de celles qu'il mentionne ne sont
pas exactes. Suivant cet auteur le *S. sculptata* diffère du
véritable *S. cerithiformis* par ses côtes transverses moins
nombreuses, ses côtes longitudinales moins nombreuses
et moins élevées. Tout cela est faux et même en contra-
diction avec les figures assez exactes de Deshayes. Toutefois sur son *S. sculptata* les lames ne sont pas auss
élevées qu'en réalité. Voici les caractères qui nous paraissent les plus conformes à la réalité.

E. cerithiformis, Wat.	*E. sculptata*, de Boury.
Lames très peu obliques.	Lames assez obliques.
Lames moins élevées que les cordons spiraux.	Lames plus élevées que les cordons spiraux.
Lames non crépues.	Lames crépues.
? Pas de cordons spiraux se-condaires.	Cordons spiraux secondai-res.
? Suture plus profonde.	? Suture moins profonde, plus large.
? Lames plus nombreuses.	? Lames moins nombreuses.

Nous ajouterons que cette espèce atteint une taille
assez grande, mais ces exemplaires adultes sont d'une
grande rareté. Le plus grand que nous possédions et

nous ne connaissons que celui-là de cette taille, mesure 23 mill. de long sur 8 mill. de large.

Terrain. — Calcaire grossier.
Localités. — Parnes (Oise) !!! ; Chaussy (Seine-et-Oise)!!! ; Vaudancourt (Oise)!!! (Ma collection).

XXIX. ACIRSA PRIMÆVA, de Boury, nov. sp.

A. testa crassa, imperforata, elongato-turrita, costis longitudinalibus obsoletissimis et funiculis transversis obsoletis impressa. Spira elongato-turrita, apice deficiente. Sutura minime profunda. Anfract. superst. 6, vix convexi, costis longitudinalibus, obsoletissimis, crassiusculis, aliquando in varicibus crassis obsoletisque mutatis, et funiculis transversis latis atque depressis, impressi. Ult. anfr. spira multo minor, basi convexus. Apertura ovali-elongata ; peristoma simplex, marginibus disjunctis, columellari vix reflexo, basali subrotundato, attenuato, externo subacuto, subconcave vix incurvato. — Long. frag. 8 mill. ; diam. maj. 3 mill. ; alt. max. anfr. 4 mill. ; diam. apert. 1, 5 — 1 mill.

La série des Acirsa continue à se compléter. Il y a quelques années on ne connaissait comme espèce fossile que l'*A. Auversiensis* placé par Deshayes parmi les Scalaria et provenant des sables moyens. Une espèce du miocène Bordelais, très mal figurée par Basterot appartient je crois à ce genre. Nous avons décrit une forme du calcaire grossier : *A. Bezançoni* et notre ami M. Cossmann a fait rentrer dans ce groupe l'*A. inornata*, Terq. et Jourdy (Turritella) du Bathonien. L'*A. primæva* est donc un nouveau jalon ajouté à la série. Cette petite coquille, dont la taille est inférieure à celle des formes que nous connaissions jusqu'alors, diffère beaucoup des autres Acirsa, aussi ne voyons-nous pas la nécessité d'insister sur les rapports et différences. Entière la coquille que nous avons sous les yeux aurait à peu près 10 mill. de long.

Terrain. — Eocène inférieur. Sables inférieurs, supérieurs aux lignites.

Localité. — Mercin. (Type unique. Coll. de M. Cossmann).

XXX. LITTORINISCALA LAPPARENTI, de Boury, nov. sp.

L. testa fragilis, imperforata, elongata, valde conica, spiraliter funiculis et longitudinaliter costis irregularibus et valde capillatis impressa. Spira elongata, valde conica,

*apice subacuto. Sutura mediocriter profunda. Anfractus
9. Embryonales 3, primus nitidus, sequentes costis undulatis ornati ; cæteri convexi, spiraliter funiculis sat
prominulis atque distantibus 8 et longitudinaliter costis
irregularibus et valde capillatis ornati. Ult anfract. spira
minor, basi subdepressus, disco liris spiralibus ornato
præditus. Apertura ovali-subquadrata, antice vix subeffusa ; peristoma simplex marginibus disjunctis?, externo
dilatato et subconcave incurvato. — Long. 9, 5 mill. ;
diam. maj. 4 mill. ; alt. max. anfr. 4 mill. ; diam. apert.
2 — 2 mill.*

Cette coquille n'a aucun rapport avec les autres espèces du Bassin de Paris. Elle a un peu la forme du
Foratiscala cerithiformis, *Wat.*, mais elle n'en a ni l'or-
nementation ni la perforation ombilicale. En revanche
elle est assez voisine d'une forme vivante de la Nouvelle
Calédonie : *L. inopinata*, *de Boury*, m. s. s.

Terrain. — Eocène inférieur. Sables de Cuise.
Localité. — Cuise Lamotte (Oise). (Coll. de M. Cossmann).

XXXI. CONISCALA ANGARIENSIS, de Ryckholt, em.

1851.	*Scalaria Angresiana,* Ryck.		De Ryckholt. Mél. pal , part. II, p. 187, pl. xix, fig. 3.
1852.	—	*Bowerbanki,* Morris.	Morris. Quaterl. Journ. of geol. Soc., t. i, p. 266, pl. 16, f. 9.
1854.	—	—	—	Morris. Cat. of Brit. foss., 2ᵉ édit., p. 174.
1861.	—	—	—	Deshayes. An. s. vert. bass. Paris, t. ii, p. 336, pl. .xii, fig. 3.
1861.	—	*Haidingeri,* Bink.	J. Binkhorst Vanden Binkhorst. Mon. des gast. et Céph. de la craie du Limbourg, p. 36, pl 2, fig. 4 à b.
1870.	—	*Bowerbanki,* Morris.	Watelet. Cat. des foss. de sabl. inf., p. 8.
1871.	—	*Angresiana,* Ryck.	Nyst. Tabl. synopt. et synon. G. Scalaria, p. 16. (Ann. Soc. Mal. Belg., t. vi, p. 92).
1876 (1878).	—	—	G. Vincent. Description de la faune de l'étage Landénien inf. de Belgique, pp. 11 et 46, pl. x, fig. 3 à b. (ann. Soc. mal. Belg., t. xi, 1876 — Tirage à part, 1878).
1879.	—	—	—	Rutot et Vincent. Terr. tert. Belg. p. 18 (Ann. Soc. Géol. Belg., p. 82).
?	—	*Angariensis,* Ryck, em.	Dewalque. Revue des fossiles Landéniens décrits par de Ryckholt. (Ann. Soc. géol. Belg. mémoires t. vi, p. 158.

Nous avons cru devoir redonner en entier la synonymie de cette espèce. Nous n'avons pas vu d'exemplaires d'Angleterre de sorte que nous ne pouvons vérifier l'exactitude des assimilations qui du reste sont admises par la plupart des auteurs.

Nous croyons que la coquille Belge et celle des environs de Paris appartiennent à une seule espèce. Malheureusement les exemplaires que l'on connaît sont presque tous dans un mauvais état de conservation qui ne permet pas de trancher la question d'une manière décisive. M. de Laubrière nous a communiqué un individu de grande taille et relativement bien conservé. La pointe malheureusement fait défaut. Il provient des sables inférieurs de *Toussicourt*. (Horizon de Châlons-sur-Vesle).

XXXII. SCALARIA LEVESQUEI, de Boury, nov. sp.

S. testa imperforata, elongato-conica, costis longitudinalibus et funiculis transversis impressa. Spira elongato-conica, apice deficiente. Sutura satis profunda et parum obliqua. Anfract. superst. 7 1/2; embryonales partim deficientes, nitidi ; sequentes convexiusculi, longitudinaliter costis convexiusculis parum elevatis, aliquando in varicibus crassis mutatis et transversim funiculis crassiusculis, lirisque spiralibus impressi ; ult. anfract. spira minor, costis 13 et funiculis 6 ornatus, basi subplanatus, disco depresso et exterius prominulo ad locum umbilici prædi-

tus ; apertura fracta. Long. 5 mill. ; diam. maj. 2,2 mill.; alt. max. anfr. 2, 2 mill.

L'exemplaire unique que nous avons sous les yeux n'a malheureusement pas l'ouverture entière, de sorte que nous ne sommes pas certain de la place que doit occuper cette petite coquille. La forme de la varice que nous observons sur l'avant dernier tour nous fait supposer que l'ouverture est entière et que cette espèce doit être rangée parmi les *Pliciscala.* Elle se rapproche même du *P. marginalis,* mais ses gros cordons transverses l'en distinguent à première vue.

Terrain. — Eocène inférieur. Sables de Cuise.
Localités. — Cuise (Oise) !!! (Type. Ma collection). M. le Dr Bezançon possède de Jaulzy une coquille que nous n'avons pas en ce moment sous les yeux, mais que nous croyons appartenir à la même espèce.

XXXIII. SCALARIA ? HETEROMORPHA, Deshayes.

1861. *Scalaria heteromorpha,* Desh. DESHAYES. An. s. vert. bass. Paris, t. II, p. 349, pl. XI, fig. 20-22.

1871.   —   —   —   Nyst. Tabl. synopt. et synon. G. Scalaria, p. 36. (Ann. Soc. Mal. Belg., t. vi, p. 112).

Nous sommes fort indécis sur la place que doit occuper cette rare coquille. Elle ne présente pas les caractères des véritables Scalaires. Peut-être se rapprocherait-elle davantage des Cérites, mais elle ne nous semble pas offrir tous les caractères de cette dernière famille. Nous avouons notre incompétence pour trancher cette question difficile.

Terrain. — Éocène moyen. Calcaire grossier supérieur.

Localités. — Vaudancourt (Oise) !!! (Carrière Rossignol); L'Aunaie (Oise) !!! (Couches supérieures. Trou B); Neauphlette (Seine-et-Oise) !!! (Ma collection).

Cette coquille est toujours accompagnée d'une faune spéciale. Nombreux cérites : C. interruptum, C. cinctum, etc..., Truncatella antediluviana, Bithinia conica et nombreuses autres espèces. Auricula Lamarckii, Littorina tricostalis, etc...

XXXIV. CIONISCUS EOCENICUS, de Boury,
nov. sp.

*C. testa fragilis, imperforata, turrita, valde elongata, angusta, longitudinaliter costis et spiraliter liris tenuissimis impressa. Spira turrita, elongata, angusta, apice obtuso et mamillato. Sutura profunda, mediocriter obliqua. Anfract. 10. **Primus** embryonalis obtusus, mamillatus, liris spiraliter ornatus; sequentes valde convexi, costis longitudinalibus numerosis, parum elevatis, subundulatis et liris spiralibus tenuissimis impressi. Ult. anfract. spira multo minor, costis longitudinalibus circiter 34 ornatus, circa locum umbilici disco valde tenui præditus. Apertura ovalis. Peristoma tenue, continuum. Long. 5, 5 mill.; diam. maj. 1, 2 mill.; alt. max. anfr. 1, 5 mill.; diam. apert. 0, 8 — 0, 6 mill.*

Cette rare petite coquille a la plus grande ressemblance avec le *C. unicus Montag.* des côtes de France. Il en diffère principalement par sa taille beaucoup plus grande. La suture est bien moins oblique et plus profonde. Les tours sont beaucoup plus convexes. Les côtes sont moins grosses et plus nombreuses. La base est plus convexe et l'ouverture plus arrondie.

Terrain. — Eocène moyen. Calcaire grossier.
Localité. — Parnes (Oise)!! (Ma collection. Type de l'espèce. Très rare).

TABLE DES MATIÈRES

Pages

Acirsa Auversiensis , Desbayes. 46
— Bezançoni, de Boury. 46
— inornata , Terq. et Jourdy. 46
— primaeva, de Boury. 43
Acrilla Adamsi , de Boury. 20
— Cuisensis, de Boury. 22
— decussala, Lamarck. 16
— Essomiensis , de Boury. 15
— Fayellensis, de Boury. 21
— gallica, de Boury. 11
— Lamberti, Deshayes. 23
Acrilla monocycla, Lamarck. 13
— multilamella, Basterot. 11,12,14
— multilamella, Deshayes. 11,13
— reticulata, Solander. 16
— reticulata , Morris. 19
— semicostata , Sowerby. 19
Cerithiscala Cloezi , de Boury. 39,41
— Munieri Raincourt. 39,40,41
— primula Deshayes. 38,39,40,41.
Cioniscus eocenicus, de Boury. 52
Cioniscus unicus , Montagu. 52
Circuloscala Chalmasi de Boury. 5
— Rogeri, de Boury. 5
Cirsotrema acuta , Sowerby. 6

Pages

— coronalis, Deshayes. 6

Coniscala Angariensis, Ryckholt. 48

— Angresiana, Ryckholt. 48

— Bowerbanki, Morris. 48

— Haidingeri, Binkhorst. 48

Crassiscala Caillati, Deshayes. 34

— Francisci, Caillat. 34

— plicata, Lamarck. 32

— variculosa, Deshayes. 33

Dentiscala marginostoma, Baudon. 30

Dentiscala marginostoma, var. turrella, Deshayes. 31,32

Dentiscala marginostoma, var. eocenica, de Boury. 31,32

Foratiscala cerithiformis, Watelet. 42,43,44,47.

Foratiscala sculp-

Pages

tata, de Boury. 42,43,44

Gyroscala contabulata, Deshayes. 8

Gyroscala Gaudryi, Raincourt. 8

Gyroscala Ruellensis, de Boury. 9

Littoriniscala inopinata, de Boury. 47

Littoriniscala Lapparenti, de Boury. 46

Pliciscala Gouldi, Deshayes. 24,25,26

— Lamarckii Deshayes. 27,28,29

— obsoleta, Deshayes. 27,28,29

— propinqua, Deshayes. 24,25,26

— Sellei, Raincourt. 24,25,27

Scalaria *acuta*, Deshayes. 22

— heteromorpha, Deshayes. 50

— Levesquei, de Boury. 40

Tenuiscala Laubrierei, de Boury. 35,37

Tenuiscala Michelini, Deshayes. 35,36,37

Tenuiscala Ramondi, de Boury. 36

Saint-Amand (Cher). — Imprimerie DESTENAY.